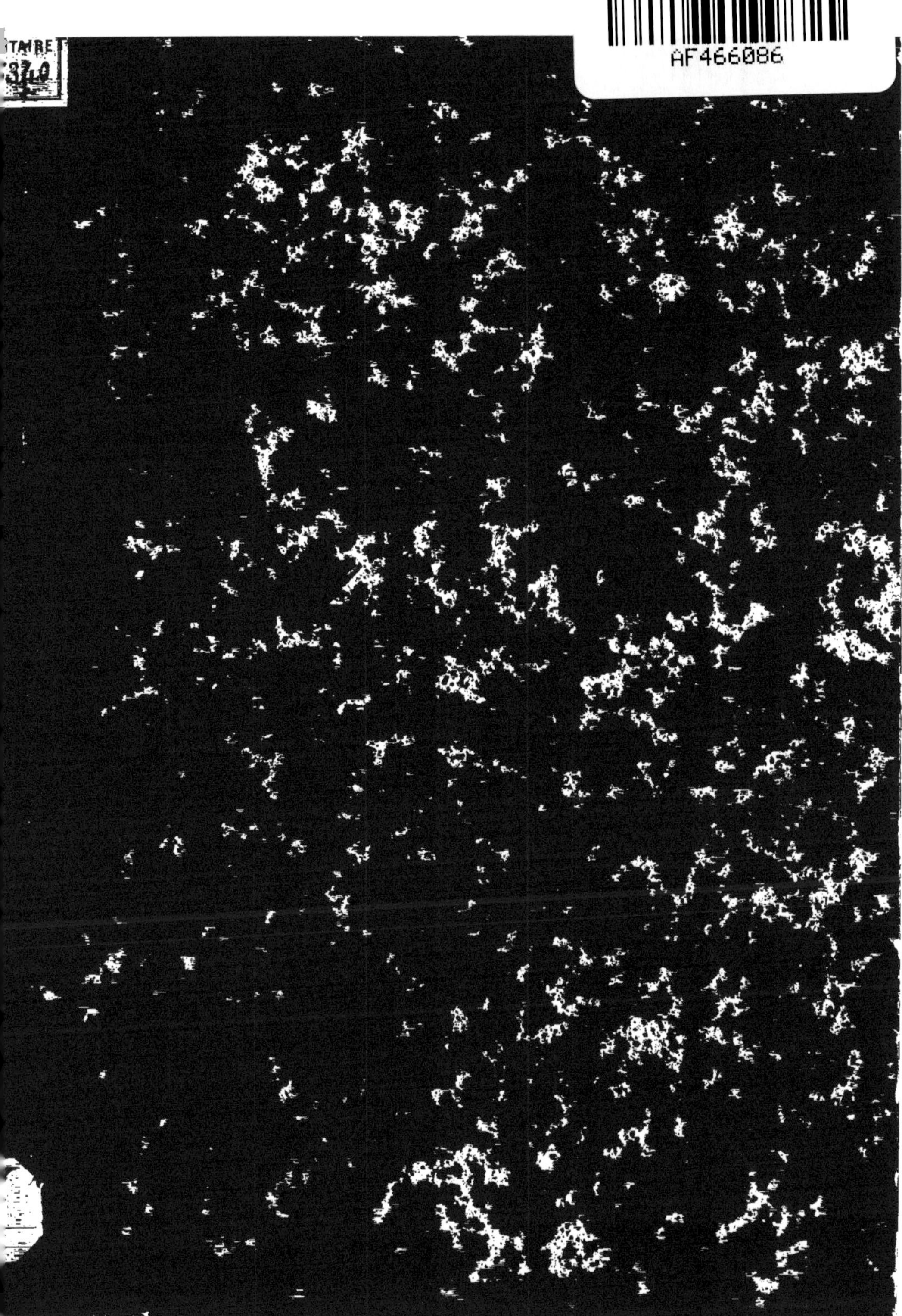

MÉMOIRE

CONTRE le Canal de navigation intérieure depuis Dieppe jusqu'à Paris, projetté d'après les plans des Citoyens LEMOYNE et BRULÉ;

ADRESSÉ AU DIRECTOIRE,

PAR S. B J. NOEL, Membre du Jury d'Instruction publique et de la Société d'Émulation de Rouen; honoraire étranger de celle d'Histoire naturelle de Ratisbonne; correspondant de la Société philomatique de Paris, de celles des Sciences, Belles-Lettres et Arts de Bordeaux et Châlons-sur-Marne, des Sociétés d'Émulation d'Abbeville et Poitiers, et de celle d'Agriculture de Boulogne.

> Un Peuple libre n'accorde son estime qu'à ce qui est vraiment utile. Il n'entoure de sa puissance que les choses dont la Patrie retire une augmentation de gloire ou un accroissement de prospérité.
>
> *DISCOURS du Ministre de l'Intérieur, lors de la distribution des prix à l'École d'Alfort, le 10 Germinal, an VII.*

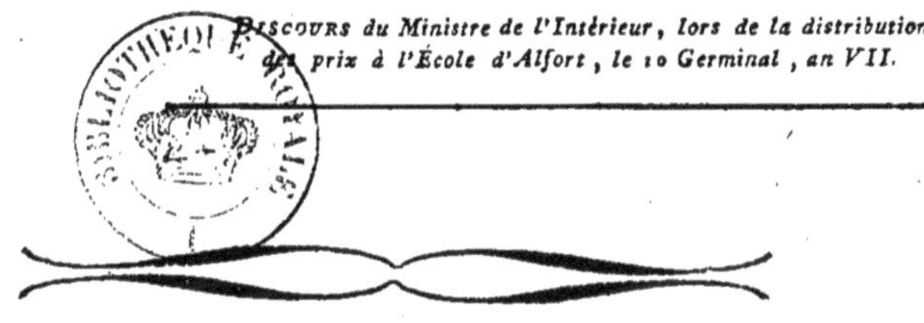

A ROUEN,

DE L'IMPRIMERIE DES ARTS, RUE BEAUVOISINE, N°. 88.

Du 15 Floréal, an VII de la République.

MÉMOIRE

CONTRE le Canal de navigation intérieure depuis Dieppe jusqu'à Paris, projetté d'après les plans des citoyens LEMOYNE et BRULÉ.

Lu dans les Séances des 19 et 29 Germinal de la Société d'Émulation de Rouen.

UN Ministre, dont le nom sera cher à la postérité reconnoisante, s'occupe des moyens de vivifier toutes les branches de l'administration qui lui est confiée. Soit qu'il ouvre des sources nouvelles où l'instruction va puiser les richesses du savoir, soit qu'il porte sur les arts d'agrément et d'utilité, un coup d'œil régénérateur, l'amour du bien public et l'honorable ambition d'établir la prospérité de la France sur des bases solides, président seuls à ses projets. D'un côté, on le voit élever de nouveaux temples aux produits du génie des sciences et de l'industrie des arts; de l'autre, il entoure de la barriere des loix ce qu'ont épargné de végétaux l'ignorance et le luxe, dévastateurs des forêts nationales. Il voudroit voir se renouveller les plantations d'arbres qui nous ont rendu si chere la mémoire du bon Sully. En attendant, il économise en silence les ressources nécessaires à notre marine, car ce ministre sait que la République ne sera vraiment grande et puissante que par elle, et, d'avance, il participe, en quelque sorte par sa prévoyance, aux triomphes sur mer promis et réservés à son pavillon.

C'est le même amour de la Patrie qui éclaire et nourrit de ses feux le vaste projet d'unir toutes les parties de la France, comme le sont celles du corps humain par le systême veineux. Ce projet magnifique, avoué par tout ce que l'Europe renferme d'hommes instruits, tout ce que la République offre d'amis de sa prospérité future, est celui de multiplier les communications intérieures, de faire disparoître les obstacles qui s'opposent à la navigation d'un fleuve à l'autre, et du Nord au Midi, de l'Ouest à l'Est, de faire circuler chez nous, par des canaux artificiels, les productions variées du sol que nous habitons, et celles dont nous enrichit le commerce avec l'étranger.

Il seroit bien trop long, il seroit étranger au but de ce Mémoire, d'esquisser, même à grands traits, le tableau détaillé des nombreux canaux projettés. Des bords du Tarn aux rives du Rhin, de celles de la Seine aux bouches du Rhône, on se promet d'ouvrir des communications nouvelles qui ménageront au commerce de nouveaux moyens d'échange, à l'agriculture de nouveaux débouchés. Ils porteront la fertilité, l'abondance et la richesse dans ces contrées, que la nature semble avoir oubliées dans la répartition de ses largesses; ils doubleront les liens qui doivent unir les hommes, comme une grande famille; ils rendront indissolubles les nœuds, faits pour assurer l'indivisibilité de la République. La partie du systême général des canaux, qui comprend le Nord-Est de la France, contient, entr'autres projets, celui d'une navigation directe d'Anvers à Paris, en unissant l'Oise à l'Escaut, par le canal de Cambray, et celui d'une navigation semblable de Dieppe à Paris avec plusieurs embranchements qui communiqueroient avec la Seine sur différents points. Au premier de ces canaux de jonction se marient encore ceux qui doivent unir la Meuse, la Moselle et la Meurthe; la Meuse avec le Rhin d'une part et de l'autre avec l'Escaut, etc. Tel est l'apperçu rapide de la partie du systême des canaux, qui a pour objet l'amélioration de la navigation intérieure du Nord-Est de la France.

L'idée-mere du projet d'ouvrir un canal de Dieppe à Paris par Pontoise appartient au maréchal de Vauban. Accueillie d'abord, elle fut abandonnée comme tant d'autres que vit éclore et mourir le regne trop célebré du fastueux Louis XIV.

Il en est des conceptions utiles, comme des semences, il leur faut une saison favorable pour fructifier. Cette idée fut donc reprise par le citoyen Lemoyne, de Dieppe, aujourd'hui membre du Conseil des Anciens, patriote plein de zèle, à qui les détails de l'économie maritime des pêches sont très-familiers. Il en développa les plans et les avantages; il en poursuivit l'exécution avec chaleur, et ce canal seroit peut-être exécuté aujourd'hui, si la situation des finances, le sacrifice coupable des revenus de l'Etat confiés par un roi foible à des ministres dilapidateurs, n'eussent avancé l'époque de la Révolution françoise. Plusieurs travaux préliminaires ou provisoires étoient déjà commencés, quand LE QUATORZE JUILLET éclaira la France et fit un appel irrésistible à l'enthousiasme de tous les esprits.

Le projet du maréchal de Vauban tendoit à percer un canal depuis Pontoise jusqu'à Dieppe; mais il a subi de tels changements qu'il n'est plus le même aujourd'hui.

Je ne décrirai point géométriquement les deux plans de canal qui le remplacent, l'un proposé par le citoyen Lemoyne, l'autre par le citoyen Brulé. Ils ne diffèrent entr'eux que par quelques déviations dans la projection et la longueur de chacune des lignes qu'ils décrivent; je laisse aux hommes de l'art à les comparer, à les apprécier, à les rectifier, s'il le faut, par une saine critique. C'est le projet du canal considéré en lui-même que je me propose d'examiner et de combattre. Pour moi, il ne s'agit donc pas de discuter si la nature, le nivellement des terres et la *suffisance* des eaux laissent ou non quelque chose à désirer. J'admets la possibilité de l'exécution du canal, mais produira-t-il autant d'avantages qu'on s'en promet? Ne portera-t-il pas un préjudice irréparable à la pêche de Dieppe, etc. etc. ? C'est ce que je dois examiner, c'est la tâche que je m'impose.

Le canal projetté par le citoyen Lemoyne, doit partir du port de Dieppe, traverser la vallée d'Arques et se porter, en suivant Rambures et Quiévrecourt, au Sud-Ouest de Neufchâtel. De-là, il se dirige vers la Rosiere, perce la forêt de Bray et arrive au Nord de Gournay. Parvenu à ce point, le canal se partage en deux bras : l'un va se rendre dans la Seine à la Roche-Guyon, l'autre se porte vers l'Oise et s'y réunit entre Creil et Leu. Avant d'avoir atteint Gournay, une troisieme ramification se porte de Forges sur Pitres en suivant l'Andelle et débouche ensuite dans la Seine, à moins qu'on ne veuille y entrer vis-à-vis Oissel, après avoir traversé la montagne qui se trouve entre le Port-Saint-Ouen et le Pont-de-l'Arche, etc. Le projet du citoyen Brulé est de continuer le canal jusqu'à Paris, et de lui ménager un superbe bassin dans le terrein qu'occupoit la trop fameuse Bastille. J'observe et je répete que je trace très-briévement l'esquisse de ces deux plans, qu'ils appartiennent au même projet de canal et qu'il n'entre dans mon intention ni de les comparer ni de les discuter.

Je vais donc me faire à moi-même les questions suivantes :

1°. Le canal de Dieppe à Paris favorisera-t-il l'importation et la circulation du poisson de mer frais et salé de la pêche de Dieppe ? 2°. La concurrence de la pêche et du commerce sera-t-elle avantageuse à ce port et sur-tout à la République ? 3°. Ce canal donnera-t il une plus grande valeur aux productions du pays ? 4°. Pourra-t-il soutenir la concurrence avec le canal de l'Escaut d'une part, et de l'autre avec celui de la Seine dont il est si voisin; et sous ce rapport, doit-il efficacement servir le projet de faire de Paris un entrepôt central de commerce intérieur ? 5°. Ce canal enfin doit-il seconder assez puissamment les encouragements nécessaires à la navigation extérieure, lorsque le gouvernement veut augmenter le nombre de ses marins? Telles sont en substance les cinq questions que je vais discuter successivement.

PREMIERE QUESTION.

Le Canal de Dieppe à Paris favorisera-t-il l'importation et la circulation du poisson de mer frais et salé de la pêche de Dieppe?

Entr'autres avantages attachés à l'exécution de ce canal, on s'est à la vérité promis le prompt transport du poisson frais et salé de Dieppe à Paris et dans les départements qui s'étendent jusqu'à la frontiere de l'Est. On a cru y voir un moyen sûr de rivaliser les Hollandois qui sont en possession d'en approvisionner les marchés par leur navigation du Rhin. Mais on a oublié que le poisson frais pourroit s'importer rarement au-delà de Paris, telle diligence que missent les bateaux chasse-marées du canal. J'ai, en faveur de mon opinion, l'exemple de la Belgique où les bélandres de Nieuport et d'Ostende ne portent gueres de poisson frais que jusqu'à Malines et Bruxelles, c'est-à dire à une bien moindre distance de la mer, que ne l'est Paris du port de Dieppe.

Quant au hareng salé que je considere, au moins jusqu'à présent, comme le principal objet du commerce de cette ville, on a pareillement oublié que les Hollandois ayant dans la mer du Nord une pêche d'Eté, tandis que les Dieppois n'en ont qu'une d'Automne dans la Manche, les expéditions par le Rhin se font en Hollande, un à deux mois avant les premiers envois que Dieppe pourroit faire par son canal ; qu'ainsi toute idée de concurrence avec le hareng de pêche hollandoise est détruite, et que d'ailleurs les motifs qui donnoient aux poissons salés un débouché facile dans ces contrées, ne sont plus les mêmes, depuis la suppression des gabelles.

DEUXIEME QUESTION.

La concurrence de la Pêche et du Commerce qui se feront ensemble à Dieppe, sera-t-elle avantageuse à ce port et sur-tout à la République ?

On a vu dans le canal de Dieppe à Paris une source nouvelle de prospérités pour le commerce de la premiere

miere de ces villes, qui, suivant le projet, deviendroit un point intermédiaire entre Paris et les villes du Nord, tandis que le Havre continueroit de l'être avec les ports du Midi. On a prétendu que, tout-à-la-fois, Dieppe cultiveroit la pêche et s'adonneroit au commerce; qu'à ce titre, son canal acquerroit une double importance, et qu'il vivifieroit toutes les branches d'industrie qui sont particuliérement liées à l'exploitation des pêches maritimes.

Seroit-ce donc, ô ma Patrie! professer un paradoxe, si je soutenois ici que le projet de faire de Dieppe un port de commerce, qui seroit en concurrence avec celui du Havre, et de percer un canal, presque à côté de celui de la Seine, est contraire aux intérêts de Dieppe, du département de la Seine inférieure, et conséquemment de la République?

Dieppe doit son origine à des pêcheurs, comme la leur doit en Angleterre la ville d'Yarmouth, qui, sous les rapports de la pêche du hareng, est à tous égards le Dieppe de la Grande-Bretagne, comme aussi Nieuport l'est de la Belgique, Vlaardingen de la Hollande, Gothembourg de la Suede, etc., etc., etc. Une race nombreuse d'hommes de mer addonnés aux travaux des pêches, pépiniere féconde d'excellents matelots, entre pour une part considérable dans la population de Dieppe. J'affirme que dans la guerre de 1778, si la côte depuis le Havre jusqu'à Dunkerque, (comprenant la haute Normandie, la Picardie, le Boulonnois, le Calaisis et la West-Flandre) a fourni à la marine françoise 10,000 matelots; le seul quartier de Dieppe y a contribué pour 2,400, dont les quatre cinquiemes étoient pêcheurs de hareng.

Moins habitants de la terre que de la mer, leur élément adoptif, observateurs fideles des habitudes et des mœurs de leurs devanciers, ces hommes sont surtout recommandables, aux yeux du philosophe, par l'amour qu'ils portent à leur profession. Il y a de l'erreur à croire que la pêche n'est pour eux qu'un apprentissage; que de leurs barques ils passent sur les bâtiments de commerce, quand ils sont *emmarinés*; qu'enfin ils pourroient être aussi utilement employés sur les sloops de la marine marchande que sur des clincarts de pêche, etc. Le matelot pêcheur de hareng, vit et meurt pêcheur. Son cœur n'est point assiégé par l'ambition des gros bénéfices que font briller en perspective les navigations de long cours. Il tient à sa barque, à ses filets, comme à ses pénates; il n'y a pas jusqu'à la couleur et à la forme du vêtement de ses peres, auxquelles il ne soit attaché : heureuses mœurs qui le préservent des vices trop ordinaires aux marins du grand cabotage! Au milieu des variations qu'a subi la langue, il a même conservé jusqu'à nos jours l'idiôme du XVIe. siecle. Cette sorte de tenacité, cet attachement aux anciens usages le mettent en garde contre toute espece d'innovation, sur-tout quand elle a pour objet ses travaux les plus familiers. Ainsi, tandis que Dunkerque et Calais abandonnoient leur pêche, pour se livrer aux spéculations plus lucratives du commerce, Dieppe conservoit la sienne et n'en étoit redevable qu'au génie de ses pêcheurs.

Autrefois cette ville avoit aussi des salines, des manufactures d'étoffes de laine; les premieres ont disparu de sa vallée, les secondes ont fui loin de son enceinte. Il ne lui est resté que sa pêche, car elle a vaincu jusqu'à ce jour toutes les concurrences; mais les tems ne sont plus les mêmes. Pourquoi faire courrir à Dieppe les hasards de la perdre sans retour, si l'on exécute son canal, si l'on tient au projet d'en faire un port de commerce? Pourquoi sembler mettre quelque prix à détourner du cours naturel de leurs travaux cette foule d'hommes laborieux qui s'y complaisent, qui rendent l'Océan notre tributaire? Pourquoi les exposer au dégoût de leur profession, si le ministere accueille des plans que réprouve la politique, des mesures auxquelles applaudiroient en secret les ennemis de notre marine.

La disposition d'esprit des habitans de Dieppe, leur habileté, leur réputation dans l'art de la pêche, la proximité de Rouen, celle de Paris, la possession de plusieurs grandes routes, etc., etc., lui assurent une supériorité décidée sur Fécamp, Saint-Valery et le Tréport, sur Boulogne et Dunkerque, sur Nieuport et Ostende, devenus ports françois. Mais pour qu'une telle supériorité tourne véritablement au profit de la République, il faut que la disposition d'esprit dont je parle, soit efficacement secondée par le gouvernement lui-même; il faut que loin de la contrarier, en l'écartant de son objet adoptif, il l'entoure de tous les moyens d'encouragement, de protection qui peuvent lui servir d'égide, contre la défaveur des circonstances qui se réunissent contr'elle.

Que gagneroit la République à voir Dieppe port de pêche et de commerce tout ensemble? Si par hypothese, il arrive au Havre 600 navires de commerce en temps de paix, Dieppe à l'avenir entreroit chaque année en partage avec ce port, pour un quart ou un cinquieme. Quel avantage en obtiendroit-on, puisque ces bâtimens seroient toujours entrés dans un port de France? Quel intérêt la Nation pourroit-elle attacher, à ce que ce fût plutôt dans le port de Dieppe, que dans celui qu'ils avoïent coutume de fréquenter, dont les rades et les atterages leur sont mieux connus? Dieppe, s'il entend ses intérêts, devra-t-il échanger sa possession d'être premier port de pêche de la République, contre l'expectative encore incertaine d'être port de commerce de troisieme classe, car le Havre lui sera long-temps préféré?

Si Dieppe, et loin de moi ce présage! est condamné à voir succomber sa pêche dans la lutte qui s'élevera entr'elle et le génie du commerce maritime, la République y perd sans retour, sans espoir dans les chances de l'avenir, un port de pêche qu'elle ne pourra jamais remplacer. Fécamp, Saint-Valery, le Tréport, quoique presqu'aussi voisins de Rouen et de Paris, n'ont pas une localité aussi avantageuse que Dieppe, ils ne possedent ni les bras ni les capitaux nécessaires à de grands armements. C'est même à Dieppe qu'est apportée une partie de la pêche que font les bâteaux de ces ports et de plusieurs autres; la concurrence des acheteurs y est plus favorable, la vente plus sûre, les débouchés y sont plus multipliés. Aucun de ces ports n'est donc appelé à devenir ce qu'est Dieppe aujourd'hui, c'est-à-dire ce qu'il doit être, au retour si désiré de la paix générale.

Si, au contraire, Dieppe conserve sa pêche, ce qui n'est gueres probable, la France ne tire plus de son canal et des énormes dépenses qu'il aura entraînées, l'utilité qu'elle s'en promettoit, comme d'un moyen de circulation lié à des plans de grand commerce et de navigation intérieure. Mais la pêche, si digne d'être favorisée, la pêche qui l'a été si peu en France, sortira-t-elle victorieuse de cette rude épreuve, et l'expérience du passé n'est-elle pas contre cette supposition? Toutes les villes assises sur les bords de la mer, qui ont eu l'occasion d'échanger leurs pêches maritimes contre le commerce, ne l'ont-elles pas fait sans hésiter? Dieppe résisteroit-il à leur exemple? Hambourg ne compta que des pêcheurs dans son port avant que d'être une des métropoles de la ligue hanséatique ; Amsterdam leur dût son origine; la Brille, Flessingue, Ostende, Dunkerque, Calais, se livrerent long-temps aux opérations de la pêche du hareng, avant que d'embrasser la grande navigation. Wisby dans la Baltique, Gothembourg sur le Kattegat, Drontheim sous une latitude voisine du pôle, nous offrent de pareils exemples; le Havre lui-même n'a-t-il pas abandonné sa pêche de Terre-Neuve, aussi-tôt qu'il a pu tirer un meilleur parti de son heureuse position, et devenir l'entrepôt d'un grand commerce ?

On veut ouvrir un canal de Dieppe à Paris, mais ne devroit-on pas de préférence, et loin de s'occuper d'un tel projet, donner seulement à ses bateaux de pêche un port qui méritât au moins ce nom ? Dirai-je ici que le bâtiment étranger forcé d'y relâcher par vent contraire ou par tempête, craint presqu'autant d'y aborder que de rencontrer un écueil ? Appellerai-je les regards de de l'ami de la Patrie sur les montagnes de sable et de silex dont sa passe actuelle est obstruée, sur son estacade devenue la proie d'un coup de mer, sur le délabrement de son écluse de chasse à demi détruite et qu'une dégradation sourde attaque jusqu'en ses fondements ? Les ferai-je se promener sur ces travaux commencés, puis délaissés, image de la tour allégorique de Babel, où tout semble avoir été fait en dépit de l'harmonie des principes, sur ces travaux, le dirai-je, contrariés même par l'esprit de parti qui a divisé les habitans? Combien s'écoulera-t-il d'années avant qu'une main active, réparatrice et vivifiante ait fait disparoître les traces hideuses de l'abandon, écrites sur les ruines des travaux de son écluse et de la tête de son canal ?

Ici, j'anticipe sur la marche des événements, je cherche à pénétrer dans l'avenir. Lorsque la paix bienfaisante aura effacé jusqu'aux derniers vestiges de nos calamités passageres, et que Dieppe possedera un nouveau port, ne sera-t il pas plus riche *de la pêche qu'il aura*, que du *commerce qu'il pourroit avoir*. La pêche exploitée par ses propres habitans, elle qui seme l'aisance dans toutes les classes de la société, ne lui semblera-t-elle pas cent fois préférable à un commerce qui long-temps encore se fera par des bâtiments étrangers et n'enrichira qu'un petit nombre d'hommes ? Mais quels que soient les événements futurs, son port, qu'on semble ranger après son canal, quoiqu'il soit à ce dernier ce que les fondements sont à un édifice, n'est il pas toujours ce qu'il faut faire le premier ? Suivre une autre marche, c'est, je le proteste, aller en sens inverse des plus simples éléments de l'analogie, c'est bâtir sur le sable, c'est semer du bled dans des champs de sel frappés de stérilité, c'est s'exposer, comme je l'ai dit ailleurs, à voir la source des prospérités qu'on se promet du canal, tarir d'elle-même faute d'aliment, avant que l'utilité publique ait eu le temps d'en apprécier les avantages. (*Noel*, *Essais sur le Dép. de la Seine infér.*, I. 136.)

Quelle circonstance, quelle époque des siecles auroit-on choisi pour exposer la pêche de Dieppe à cette lutte, à cette crise ? — L'époque où toutes les pêches françoises ont une disposition à décliner. Lors même que celle du hareng, cette mine autrefois si productive, se seroit, avant la guerre, soutenue par ses propres forces, il y auroit toujours de l'imprudence à lui faire courir les dangers de la concurrence du commerce ; mais il suffit d'être légérement versé dans l'économie maritime, pour savoir que dans les derniers temps de la monarchie, cette pêche, cédant à la nécessité, déclinoit sensiblement. Personne, je pense, ne révoque en doute que jamais en France, on ne la verra, riche et puissante, fleurir comme autrefois, lorsque Dunkerque, par exemple, armoit cinq cents barques et lorsque Dieppe mettoit en mer cent quarante bateaux pour sa part. Y croire, ce seroit volontairement s'abuser.

Indiquons avec assurance la cause de cette dégénération affligeante. Plusieurs obstacles s'élevent contre l'amélioration de la pêche du hareng à Dieppe; ils s'opposent même à la conservation durable de son état actuel, ils sont communs à tous les ports de pêche. Ces obstacles sont l'augmentation du prix du sel, les changements arrivés dans notre économie diététique, le bas prix de la viande, et plus encore que tout cela, une certaine aisance répandue dans les différentes classes de la société qui, à l'avenir, fera repousser des tables l'usage des poissons salés.

Ici, je ne considere la cherté du sel que relativement aux besoins de la pêche, car il ne faut pas oublier qu'avant la révolution, le sel qu'elle employoit étoit franc de tous droits de gabelle, et ne coûtoit presque rien au pêcheur. Quoique aujourd'hui cette utile denrée soit à un prix modéré pour tous les François, elle est toujours trop chere pour la pêche, qui en consomme beaucoup, et de ce prix résulte un double inconvénient pour elle. Le vigneron des bords de la Marne, de la Saône, de la Loire faisoit tous les ans une provision de harengs ou autres poissons salés, parce qu'il y trouvoit sa nourriture, celle de sa famille et tout ensemble qu'il en obtenoit encore du sel pour ses autres besoins; il éludoit à ce moyen l'oppression du fisc.

C'étoit une économie pour lui que d'acheter des poissons salés, de préférence à tout autre comestible. Ainsi la ciguë, cette ombelle vénéneuse, entre dans la composition de remedes salutaires, ainsi l'odieuse gabelle présentoit, sans le savoir, un moyen d'encouragement aux pêches maritimes.

Mais ce motif et tant d'autres ne subsistent plus aujourd'hui ; les ports de France doivent donc renoncer à l'espoir d'avoir les mêmes débouchés pour leurs poissons salés ; la consommation ne sera plus la même, le precepte religieux de s'abstenir de viande durant certains jours de l'année, s'affoiblit de plus en plus, la délicatesse des tables d'où sont disparus le lard de baleine, la chair de marsouin, de veau-marin, de seche, etc., dont s'accommodoient les estomacs de nos ancêtres, n'admettra plus que ceux des poissons frais à qui la mode accordera cet honneur. C'est dans un pareil état de choses que Dieppe se trouveroit, s'il s'agissoit aujourd'hui d'ouvrir son canal, de mettre en concurrence un commerce naissant avec une pêche décroissante, un commerce étranger, (car il ne seroit fait en grande partie que par les bâtiments du Nord) avec une pêche nationale.

Quel homme abat dans son verger un arbre couvert de fruits, pour en planter un dont le produit seroit incertain ?.... Si le Directoire pese les intérêts de la marine et de la pêche de Dieppe, si dans son impartiale équité il les balance avec ceux de la navigation du canal, il ne cherchera point à donner à l'esprit de ses habitants une autre direction que la tendance qui lui est naturelle depuis huit siecles. Tout ne nous invite-t-il pas à redoubler d'efforts pour conserver Dieppe port de pêche ; tout ne dit-il pas que l'ouverture du canal peut apporter un obstacle

obstacle invincible à ce patriotique dessein. Certes ! nous ne donnerons pas un tel spectacle à l'Angleterre, moins émule que rivale jalouse des projets d'amélioration que médite le gouvernement françois. Ne perdons pas de vue que la Grande-Bretagne, quoique entourée des mers les plus poissonneuses de l'Europe et malgré les sommes immenses, sacrifiées par le ministere anglois depuis Jacques Ier., n'a pas un seul port de pêche comparable à Dieppe, sans en excepter Yarmouth.

TROISIEME QUESTION.

Ce canal donnera-t-il une plus grande valeur aux productions du pays ?

Je ne veux point examiner si les revenus que produira ce canal et les avantages qu'en obtiendra l'agriculture des cantons qu'il doit parcourir, balanceront les frais de sa confection et ceux de son entretien. Je demande si les vallées de Neufchâtel et de Gournay verront dans leurs prairies plus de pieces de gros bétail ? — Les beurres de Forges, de Catillon, les fromages de Massy, de Bures diminueront-ils de prix ? Les verreries de Maucomble et de Varimpré serontelles en plus grande activité ? Les serges d'Aumale, les toiles de Neufchâtel, les poteries de Martincamp, seront-elles d'un usage plus répandu ? Le nombre des fabriques augmentera-t-il ? La main-d'œuvre baissera-t-elle ? Le poisson frais sera-t-il à meilleur marché à Paris, quoique dans la Belgique, où sont de nombreux canaux, il ait toujours été plus cher qu'en Hollande ? N'en sera-t-il pas de ce canal (et je n'entends parler ici que de lui) comme de beaucoup d'entreprises qui profitent à un petit nombre, sans que la masse entiere des citoyens y trouve une amélioration sensible dans sa maniere d'être ?

L'agriculture y gagneroit sans doute, c'est une vérité que personne, je crois, ne s'avisera de contester. Mais, pour prospérer dans ces cantons, a-t-elle un besoin indispensable des communications qu'ouvriroit le canal de Dieppe? Aucun François, je pense, n'accusera Arthur Young de nous avoir gâté par l'excès de ses louanges, quand il parle de l'agriculture en France. Eh, certes! on ne lui reprochera point d'avoir flatté ses tableaux, son témoignage n'est donc pas suspect. Cependant, Young est obligé de convenir qu'un des pays les mieux cultivés qu'il ait vus chez nous, est celui qui s'étend d'Aumale à Neufchâtel. Or, tout pays bien cultivé suppose des débouchés faciles; car rien ne favorise la grande culture comme les bénéfices du cultivateur. On gagneroit, dit-on, encore quelques portions de marais qu'on dessécheroit avec le temps, et qu'on arracheroit à leur longue inutilité. Mais le seul prix des nombreux sacrifices qu'entraînera la confection de ce canal, se borneroit-il à la foible et dispendieuse conquête de quelques centaines d'ares de prairies, faite sur les eaux? D'autres points de la France en offrent en ce genre de plus importantes et de plus faciles à obtenir; ouvrez le *Traité des Communes* de la Maillardiere, la lecture de quelques pages suffira pour vous en convaincre.

Sous les rapports de l'agriculture et de la marine tout ensemble, on a vu dans ce canal de nouveaux moyens d'exploitation, applicables aux bois des différentes forêts qui s'étendent de Dieppe à Gournay et au-delà, notamment à celle de Lyons.

Une vérité terrible retentit d'une extrêmité de la France à l'autre, c'est l'état de dégradation où se trouvent toutes nos forêts nationales. Cette dégradation allant toujours croissant, doit sans doute nous faire envisager, avec une juste répugnance, tout ce qui tend à les appauvrir encore. Si la coignée continuoit d'en abattre les arbres, au nom de la loi, seroit-ce donc une crainte frivole que celle de voir un jour tarir une partie des sources qui doivent fournir à la dépense des eaux du canal projetté, et voudroit-on s'exposer à ne posseder à la fin du siecle qu'un *canal sans eau*, après avoir commencé par n'avoir qu'un *canal sans port* ?.... Quoi ! .... Les rameaux des arbres ne sont-ils plus les conducteurs du fluide aqueux promené dans les airs ? Leur destination n'est-elle plus de protéger de leur feuillage les vapeurs et les eaux pluviales qui, pénétrent les entrailles de la terre, s'y réunissent à des profondeurs inégales sur des bancs d'argile, et alimentent les sources des ruisseaux? Eh ! combien de ces derniers sont disparus de la surface de notre sol même, avec les forêts dont le pays de Caux étoit couvert il y a dix siecles ? Veut-on ajouter une nouvelle preuve de cette vérité physique, aux exemples que présentent à l'observateur, Yport, Etretat, Veules et autres baies de notre Département ?

Si trop rapidement, et par une anticipation de jouissance autant irréfléchie qu'impolitique, on détruit en vingt années ce que l'économie forestiere ménageoit à la consommation d'un siecle, où Dieppe trouvera-t-il le bois nécessaire à son barillage, bois de choix dont il fournit Fécamp et Saint-Valery, qui en sont privés, depuis que les forêts voisines ont fait place aux anciens défrichements des moines et de leurs serfs. En 1787, Dieppe a pêché 10,898 lasts de hareng, et Fécamp 5,531, ce qui donne un total de 16,429 lasts, et suppose que Dieppe et Fécamp, abstraction faite du poisson consommé frais, ont employé cette année 100 à 120,000 barils et au-delà, pour la seule pêche du hareng. Si le bois qui fournit une aussi précieuse main-d'œuvre, qui facilite le transport du poisson salé de Dieppe dans toutes les parties de la République, venoit à manquer à ses habitants, quel préjudice n'en éprouveroient-ils point? Dieppe et les ports de la côte voisine, seront-ils un jour réduits au sort d'une partie de l'Irlande, où le manque de bois est un obstacle invincible aux progrès de la pêche du hareng? N'est-il pas d'expérience que la consommation de toutes choses, augmente à mesure qu'il est plus facile de se les procurer, que les forêts qui s'étendoient le long des fleuves et des rivieres ont disparu les premieres, et que le luxe des villes en a dévoré la meilleure partie.

QUATRIEME QUESTION.

Le canal de Dieppe à Paris pourra-t-il soutenir la concurrence avec celui de l'Escaut d'une part, et de l'autre avec celui de la Seine dont il est si voisin? Sous ce rapport, serviroit-il efficacement le projet de faire de Paris un entrepôt central de commerce intérieur?

Dans le systême général de navigation intérieure, le projet d'un canal de Dieppe à Paris, tend à ouvrir une double communication, puisqu'il y a déjà celle de la Seine, entre cette grande ville et la Manche, tandis que la jonction de l'Oise et de l'Escaut, par le canal de Cambray, lui en offrira une troisieme avec le Hondt occidental, les canaux de la Zélande et la mer du Nord. Anvers sera la tête de ce canal et l'entrepôt de son commerce, ainsi que Dieppe le seroit sur la Manche. Mais qui peut douter qu'Anvers par sa localité, obtiendra une grande préférence sur Dieppe, et que son canal sera alimenté par les bâtiments qui nous ont apporté jusqu'à présent les denrées et les productions du Nord? Dieppe, sous ce point de vue, peut-il être comparé avec Anvers! Quelle erreur seroit la nôtre? Ici tout est à faire ; là, tout n'est qu'à réparer.

Dieppe n'a point de port, et chaque marée ajoute une couche de vase et de galet aux attérissements qui *enrochent* l'entrée de son havre. Je n'ai rien à ajouter à ce trait du tableau.

Anvers, ville grande, riche et populeuse, s'éleve et s'étend sur les bords d'un fleuve large et profond ; elle est prête à redevenir ce qu'elle fût, la premiere ville de commerce d'Europe. Anvers, où, pour me servir des expressions de Guicchiardin, on parloit toutes les langues connues, fut dans le XIV siecle la ville de toutes les nations. L'Escaut étoit couvert de flottes nombreuses dont les voiles étoient tournées vers ce port célebre, et le nombre des bâtiments étoit si considérable, qu'il leur falloit attendre long-temps avant que de pouvoir approcher des quais pour y décharger leurs cargaisons. Aujourd'hui encore, ses vastes quais sur l'Escaut, ses bassins ou *vliet* qu'il est facile de réparer et d'entretenir en bon état, parce qu'ils sont pourvus d'écluses de chasse, et dont on peut aisément aggrandir la capacité ou augmenter le nombre, sont les facilités locales, les inappréciables avantages offerts à la navigation du canal d'Anvers Ces quais, ces canaux, cette bourse, modele de celle de Londres, ces bâtiments magnifiques destinés à recevoir les marchandises des Esterlings, ne donnent plus, à la vérité, qu'une légere idée de l'ancienne opulence de cette ville superbe, des factoreries, des consulats qu'y entretenoient les étrangers. Mais les bras que possede cette grande cité, devenue françoise, dont la paix du continent fera sentir toute l'importance, et que l'activité particuliere à notre Nation tirera bientôt de son assoupissement, n'attendent que le signal pour s'utiliser. Il ne faudra que peu d'années, pour que le commerce d'Anvers reprenne ce caractere de vie qui l'animoit dans les XIVe. et XVe. siecles, jusqu'aux temps ou le traité de Munster, dicté par l'orgueil hollandois et souscrit par la foiblesse espagnole, lui ferma la communication des mers.

L'Escaut, navigable depuis Arras et Valenciennes, offre bien d'autres ressources que le canal de Dieppe à Paris, alimenté par l'Arques, par l'Epte, etc., etc. Il jouit déjà d'une navigation méditerranée qui s'y fait par des bélandres de 60 à 80 tonneaux. Il présente une profondeur depuis Anvers jusqu'à Flessingue, telle qu'elle a déterminé le Gouvernement à en faire tout ensemble un port de guerre et de commerce. Des sondes ont été faites il y a deux ans, dans l'Escaut, sous les yeux d'une commission spéciale, dont étoit membre le citoyen Forfait, Inspecteur général des ports de la Manche, qui m'en a communiqué les résultats. Elles ont établi qu'un vaisseau de guerre du premier rang, et devant tirer huit mètres d'eau, ayant toutes ses batteries garnies, pourra remonter l'Escaut jusqu'à Anvers, ou en descendre pour gagner la mer, quand la direction du chenal sera parfaitement connue et bien balisée. Dans son état actuel, tout navire marchand, fût-il de 1000 à 1200 tonneaux, peut remonter l'Escaut avec la marée. La nature n'a point autant favorisé Hambourg et Londres. Doit on s'étonner si autrefois Anvers étoit le principal comptoir des villes hanséatiques, s'il acquit tant de richesses, s'il devint le nœud du commerce des deux mondes, quand l'Amérique fut découverte, alors que n'ayant point la concurrence d'Amsterdam, et rivalisant avec une grande supériorité celle de Londres, la possession du canal profond de l'Escaut en faisoit la ville d'Europe la plus heureusement placée pour le commerce,

Supposez que l'Oise et l'Escaut soient déjà unis par le canal de Cambray ; tracez sur la carte une ligne droite de Paris à Anvers, vous suivez à-peu-près le cours de ces deux rivieres. De cette derniere ville, tirez d'autres lignes sur Drontheim, Berghen, Christiansand, Flekkeroë, Stavanger et Christiania pour la Norwège ; sur Stockholm, Gothembourg, Strömstad et Uddevalla pour la Suede ; sur Coppenhague et Ahlbourg pour le Danemarck. Appliquez la même opération aux villes de la Baltique, de la basse-Allemagne et à tous les ports de commerce de la Hollande. Répétez de Paris sur Dieppe, et de Dieppe sur toutes ces villes des lignes semblables, calculez ensuite la différence des distances, et voyez si elle n'est pas toute entiere en faveur d'Anvers. Ajoutez-y qu'en remontant l'Escaut, les bâtiments de commerce du Nord s'éviteront les hauts fonds qui regnent dans le Pas-de-Calais, je veux dire les *sands* ou sables de Kent, les bancs de Flandres et de Somme, le long d'une côte si plate et si dangéreuse, qu'on l'appelle communément *le Cimetiere des Hambourgeois.*

Aux avantages d'un canal de navigation aussi important que celui de l'Escaut, Anvers joindra ceux d'être port militaire. Le projet qu'avoit proposé, il y a deux ans, la commission dont j'ai parlé, étoit attaqué dans son ensemble ; on vouloit y substituer un autre plan moins vaste et moins approprié à ce que doit redevenir Anvers. Le citoyen Forfait a démontré toute la supériorité du premier de ces projets, et le Directoire vient de l'adopter, sauf les modifications dont il est susceptible. Le port d'Anvers pourra contenir une armée navale de quarante vaisseaux, avec toutes ses dépendances, et déjà les ordres sont donnés pour y construire des frégates. Loin de nuire au commerce dont cette ville sera l'entrepôt, des bâtiments armés stationnés à Flessingue, donneront à la navigation une protection puissante qui, en temps de paix ou de guerre, assurera ses succès et la mettra à l'abri des inquiétudes de l'ennemi.

Nous ne sommes plus aux temps où une Nation s'arrogeoit la propriété exclusive d'une mer ou d'un fleuve, et les savants ouvrages des Grotius, des Selden, des Graswinskel, n'auroient pas fait fortune de nos jours, s'ils étoient venus combattre l'exercice illimité du droit public, sur un élément commun à tous, par les loix mêmes de la nature. Y a-t-il en effet rien de plus ridicule, ainsi que l'observe avec raison G. Forster, que le ton gravement fou de plusieurs publicistes, lorsqu'ils parlent de cette circonscription absurde du commerce de la Belgique, de la défense de naviguer aux Indes, de la fermeture de l'Escaut, comme d'un droit authentique et sacré? Aujourd'hui les bayonnettes françoises ont renversé l'édifice d'une diplomatie aussi révoltante, toutes les Nations sont appellées au partage des faveurs du commerce sur l'Escaut.

Odieusement privé de toute navigation sur ce fleuve, de toute communication avec la mer par le traité de Munster, Anvers est enfin réintégré dans la jouissance de ses droits imprescriptibles par sa réunion à la France. Anvers qui possede d'immenses capitaux, et où se sont retirés beaucoup de riches familles hollandoises, depuis les troubles de leur patrie, recouvrera bientôt cette opulence, cette ancienne splendeur dont l'historien du commerce d'Allemagne nous a tracé un tableau si magnifique et si pompeux. *Fischers Geschichte des Deutschl, Handels.* Aussi l'opinion unanime des armateurs les plus éclairés de Dunkerque et d'Ostende que j'ai consultés, est-elle qu'à la paix, Anvers va se ressaisir de

presque

presque tout le commerce du Nord, et d'une partie de celui du Midi.

Que sera-ce, quand au moyen d'un canal de jonction entre l'Oise et l'Escaut, cette ville communiquera directement avec Paris et avec le grand Océan par la Loire, avec la Manche par la Seine, avec les Départements de l'Est, du Sud-Est et du Midi, par le canal du centre? Que sera-ce encore, si on exécute la jonction du Rhin avec la Meuse, et celle de la Meuse avec l'Escaut, au moyen desquelles, aisément et sans frais, on améneroit à Anvers toutes les productions des pays conquis, celles des deux rives du Rhin, les bois des Vosges, des Alpes suisses, etc., etc. Anvers a déjà pour ses constructions navales, les forêts de Winendale, de Nieppe, de Soigne et tous les bois des Départements réunis, utiles et superbes restes de l'ancienne forêt des Ardennes, qui couvroit ce pays, puisque c'est d'elle que les premiers comtes de Flandres prirent le titre de *Grands Forestiers.* Anvers est entouré de cités populeuses, et de villes de fabrique florissantes. Bruges, Louvain, Gand, Malines, Bruxelles alimenteront ses échanges avec l'étranger, bien autrement que pour Dieppe ne sauroient le faire Blangy, Gournay, Aumale, Neufchâtel, Eu, Fécamp, le Tréport. N'est-ce donc plus un principe d'économie générale, que tout pays dont le commerce ne sauroit suffire à l'entretien d'un canal de grande navigation, doit être privé des avantages du transport par eau, et qu'il faut les laisser exclusivement aux pays à qui la nature les a départis.

Le projet de faire un canal de Dieppe à Paris, a pu avoir des partisans avant que la révolution étonnante qui a renversé l'ordre ancien, pour en organiser un nouveau, plus conforme aux loix de la nature et de l'égalité, eut imposé de nouvelles combinaisons à la politique du commerce. Plus voisin que le Havre des ports septentrionaux, Dieppe présentoit quelques motifs de convenance; s'ils n'étoient pas péremptoires, au moins n'avoit-on pas à leur objecter les arguments que fournit aujourd'hui le canal d'Anvers.

Alors, sans doute, l'œil de la pensée ne pouvoit lire dans l'avenir les prodiges de cette valeur inouie qui nous ont valu tant de conquêtes, qui, à l'Est, ont reculé notre frontiere jusqu'au Rhin, et au Nord, ont incorporé la Belgique au territoire libre du nouveau peuple françois. Lorsque Joseph II, lié par le traité de Munster, multiplioit ses ordonnances prohibitives autour du commerce d'Anvers, pour favoriser celui d'Ostende qu'il affectionnoit, il ne pensoit gueres alors qu'avant dix ans révolus, une armée françoise rendroit le commerce d'Anvers à sa liberté naturelle, et qu'un décret solemnel proclameroit l'affranchissement de l'Escaut. Ainsi les hommes fixent des bases à la politique, et prétendent y soumettre les événements; mais le temps rapide et le hasard aveugle se rient de leurs vains efforts; ainsi Puffendorf composoit un ouvrage sur les intérêts respectifs des princes d'Allemagne, et leurs intérêts n'étoient déjà plus les mêmes, avant que ce publiciste eût achevé son traité.

Au surplus, les motifs de convenance en faveur du canal de Dieppe ne sembloient pas dès-lors assez incontestables, pour que toutes les opinions se réunissent en leur faveur. Ces motifs, je les ai combattus dès l'an IIIe. dans un ouvrage qui présente quelques idées utiles, et dont les imperfections nombreuses appartiennent aux circonstances où nous nous trouvions à cette époque. (*Essais sur le Département de la Seine-Inférieure.*) Les objections que je fis alors contre le projet du canal, ont-elles perdu de leur force, leur à-propos n'est-il plus le même, le caractere de conviction qu'elles portoient dans l'ame, est-il éclipsé, ou plutôt les arguments tirés de la proximité du cours de la Seine et de la direction naturelle qu'a eu le commerce jusqu'à présent, ne sont-ils pas renforcés par la concurrence du canal de l'Escaut? D'une part, la navigation intérieure qu'il possede déjà, de l'autre, celle dont jouit la Seine, depuis son embouchure jusqu'à Paris, ne rendent-elles pas infiniment incertaine et précaire l'utilité qu'on se promet du canal de Dieppe? Faut-il, placé entre deux écueils également dangereux, avoir à craindre, ou que peut-être le canal manque souvent d'eau, agent principal de son activité désirée, ou que l'habitude se roidissant contre la volonté supérieure, l'emporte et prévaille sur elle? Les encouragements, les privileges prodigués au port d'Ostende, les ouvrages de l'écluse de Slyckens, ce chef-d'œuvre de l'art, les millions de florins enfouis à cette tête du canal de Bruges, y ont-ils suppléé à la défaveur de sa localité, Anvers a-t-il été remplacé, et pouvoit il l'être? Le canal de Dieppe l'emportera-t-il sur celui de la Seine, même avec tous les désavantages de ce dernier? Je vais rapidement esquisser quelques réflexions sur cette matiere importante.

Pour faire valoir le canal de Dieppe, on a reproché à la Seine, les basses eaux d'été, les glaces, les débacles, les débordements d'hyver qui nuisent à sa navigation.

Mais le canal lui-même, quand on aura défalqué les évaporations, les infiltrations insensibles, n'est-il pas exposé à de pareils inconvénients durant les mois d'été, et n'a t-il pas en outre contre lui, comme tous les canaux artificiels, les réparations fréquentes des écluses qui ne peuvent se faire que dans la belle saison? En hyver, jouira t-il constamment du volume d'eau rigoureusement nécessaire à sa navigation? J'en appelle à

D 2

l'expérience, dans tous les ouvrages de ce genre, le chapitre des obstacles imprévus est presque toujours le moins consulté.

Le plus juste reproche qu'on fasse au canal de la Seine, considéré sous les rapports de la navigation, est dirigé contre son embouchure. Ici, les efforts de la nature opposent en effet de grands obstacles aux travaux de l'art; mais sont-ils insurmontables, et dans ce cas, un canal percé latéralement le long de la rive Sud ou Nord de la Seine, sur des points où les alluvions ne seroient plus à craindre, ne pourroit-il pas suppléer à l'évasement de l'embouchure de ce fleuve, faire éviter les bancs de sable mobile qui l'obstruent, et disparoître les dangers qui accompagnent sa navigation ? Qu'on me permette une courte digression à cet égard, elle tient naturellement à mon travail, puisque je compare le canal de la Seine avec celui de Dieppe à Paris, et que je balance leurs vices et leurs avantages.

Promenez votre œil sur l'embouchure de la Seine, prise au-dessous de Quillebeuf; il découvre une baie spacieuse qui s'élargit insensiblement au Nord-Ouest et à l'Ouest.

Mais des bancs nombreux de vase, de sable et de gravier, occupent différents points de cette baie superbe; d'un côté, ils s'étendent assez loin en mer, de l'autre ils se prolongent dans le lit de la Seine, jusqu'à la traverse d'Aisiers et en-deçà. Excepté ces bancs mobiles qui sont alternativement le jouet des vents et des marées, excepté la barre de Quillebeuf, qui donne à peine trois mètres d'eau, profondeur insuffisante pour les grands navires de commerce, le canal de la Seine est profond par-tout, jusqu'à Rouen. Il recevroit donc des bâtiments d'un grand tirant d'eau ; il seroit préférable à tous les canaux que l'art peut procurer; car c'est la nature même, cet architecte par excellence qui en a fait tous les frais.

On a indiqué différents procédés pour creuser le passage de Quillebeuf; mais lors même qu'on y parviendroit, il seroit alors à craindre qu'on y perdît la hauteur actuelle de l'eau, et qu'on accélérât la vitesse du courant, à un tel point qu'elle devint préjudiciable à la navigation. Lamblardie, cet estimable ingénieur, qui a le mieux étudié et décrit notre côte, me semble avoir très-bien développé cette théorie dans un de ses mémoires. On a pareillement proposé un grand nombre de moyens, pour resserrer l'embouchure de la Seine, et en faire aux basses marées une grande écluse de chasse, qui, par l'impulsion du courant, tiendroit le chenal libre et dégagé des sables qui l'obstruent; mais la plupart de ces travaux projettés ont été jugés, ou peu praticables, ou d'une dépense excessive, ou d'un succès incertain. On s'est plus volontiers reporté au projet de creuser à la Seine un canal de dérivation. Paris, Rouen et le Havre y ont vu de nouveaux moyens de communication entr'eux, et si je m'étonne de quelque chose, c'est que ces deux villes commerçantes n'aient pas appuyé davantage l'exécution de celui des plans qui a réuni les suffrages des hommes de l'art.

Si le projet d'améliorer l'embouchure de la Seine réussit au point d'en rendre l'accès facile à des bâtiments d'un grand tonnage, quelle heureuse influence n'aura-t-il pas sur la navigation du Havre à Paris ?

Supposons qu'un canal percé sur une des deux rives (celle du Nord devra être préférée) présente aux navires de commerce un bassin éclusé, large et profond, pareil à celui d'Ostende à Bruges ; supposons aussi que le chenal de la Seine est perfectionné dans toutes ses parties et que le gouvernement a fait exécuter les redressements de son cours à Portijoie, à Mousseaux, à Maisons, indiqués par les citoyens Forfait et Sganzin dans le *Tableau de la Navigation du lougre* le Saumon, *depuis le Havre jusqu'à Paris* : un tel canal, alimenté par de grands volumes d'eau sans cesse entretenus par les rivieres affluentes, ne sera-t-il pas le lien naturel qui doit unir la Manche avec l'intérieur de la République? Croit-on que celui de Dieppe avec les sas, les écluses et conséquemment avec les retards pour la navigation qui en sont l'inévitable suite, devra l'emporter sur lui, quoique le trajet de Dieppe à Paris soit plus court en droite ligne que ne l'est celui du Havre, en suivant le cours de la Seine.

Pour investir cette opinion du degré d'importance qui lui appartient, parcourons rapidement la topographie ripuaire de ce fleuve jusqu'à Paris.

La Seine voit à son embouchure le Havre au Nord, Honfleur au Sud. En la remontant, on trouve sur ses rives Caudebec, Rouen, Elbeuf, Pont-de-l'Arche, les Andelys, Vernon, Mantes, Meulan, Poissy, Saint-Germain, Saint-Denis, etc., etc.

Le Havre est en possession de la plus grande partie du commerce des isles françoises, et le Havre conservera long-temps les liaisons d'échange et d'entrepôt qu'il a, malgré les événements et les secousses politiques inséparables de la régénération prochaine de l'Europe. Ce port, un des plus favorisés de la nature, puisqu'à chaque marée, il conserve le plein de la mer deux heures et au-delà, possede des bassins, des écluses, des chantiers, des corderies, des atteliers de marine. Il est situé sur la ligne qu'a tracée la nature entre la Manche et la Seine. D'un côté, il donne la main à la mer du Nord, de l'autre à l'Atlantique. Il n'est gueres de situation plus avantageuse que la sienne pour le commerce avec l'Amérique, le Sénégal, l'Espagne, le Portugal, l'Angleterre, l'Irlande, etc., etc. A la paix, il peut devenir pour la Manche ce qu'Anvers sera pour la mer du Nord. La suppression du privilège de Marseille, modestement qualifié de franchises, doit ouvrir à son commerce des relations directes avec les échelles du Levant, et qui sait jusqu'où s'étendra pour son accroissement l'inappréciable conquête du Nil ?.... Mais gardons-nous de sembler trop séduits par des avantages qui ne se montrent qu'en perspective, et de leur accorder dès-à-présent une importance que le temps seul peut justifier.

Honfleur, qui est sur la rive Sud, cultive tout-à-la-fois la pêche de la morue et le grand cabotage ; ce port n'attend que la paix prochaine pour utiliser sa position sur la Seine, en faveur du commerce des départements de l'Eure et du Calvados.

Rouen, pour ne parler ici que de cette ville riche et d'une population considérable, est tout ensemble ville de fabrique, et le principal entrepôt de Paris et des départements voisins. Rouen jouit de toutes les faveurs attachées aux grandes cités baignées par les eaux d'un grand fleuve, et aux ports de mer placés sur l'Océan, puisqu'il communique directement avec les autres villes maritimes de l'Europe et de l'Amérique. En temps de paix, ces avantages sont portés à un si haut degré de splendeur, qu'ils font de cette commune une des villes de France les plus commerçantes et les plus riches.

Lyon est recommandable par ses fabriques, Bordeaux l'est par son immense négoce, Rouen réunit ces deux branches d'économie industrielle et maritime. Rouen fait valoir l'une par l'autre sous des rapports d'autant plus heureux, qu'il tire des isles et des ports de l'étranger, les matieres premieres qui alimentent ses manufactures, et qu'ensuite l'étranger reçoit de lui ces mêmes matieres œuvrées et manufacturées par son industrie. Combien s'écouleroit-t-il d'années avant que les vallées de Neufchâtel et de Gournay présentâssent un aussi riche tableau !

Je ne dirai rien des nombreuses fabriques, vivifiées par la proximité du cours de la Seine, qui fleurissent sur chacune de ses rives, notamment de celles d'Elbeuf et d'Andely. Je veux seulement faire sentir combien la prospérité de ces différentes manufactures est liée à la navigation de la Seine, conséquemment à son amélioration et au besoin de n'avoir aucune concurrence dans un canal trop voisin. Eh! ne craindroit-on pas en effet que l'incertitude, l'indécision où se trouveroit cette même industrie ne nuisît à ses progrès, sans favoriser en rien les projets qu'on a sur Dieppe ? En vain, on n'apporte pas d'altération ou de trouble à quelque dégré que ce soit, dans le régime pacifique propre aux opérations des manufactures. Si, dans plusieurs contrées d'Europe déjà favorisées par des circonstances locales, leur prospérité rapide paroît souvent une énigme aux François, n'oublions pas que *liberté, protection et sécurité*, en sont à coup sûr le mot.

Eh! ne perdons pas de vue que la prospérité même de l'agriculture, telle que nous la voyons, en dépit des assertions d'Arthur Young, florissante dans les cantons qui représentent aujourd'hui l'ancien pays de Caux, tient à la navigation qui féconde les campagnes voisines

voisines du cours de la Seine. Souvent le cultivateur y est tout ensemble fabricant, c'est-à-dire qu'il s'applique simultanément à l'industrie des campagnes, qui est l'agriculture, et à celle des villes qui est la fabrique. Il s'ensuit que les profits qu'il obtient de ce travail secondaire, refluent presque toujours sur l'amélioration des terres, que l'aisance qui regne dans ces cantons, tient à la prospérité de la navigation, et que ce seroit lui porter une atteinte incalculable, que d'y jeter le moindre trouble. Smith, dont l'autorité me paroît bien supérieure à celle d'Arthur Young, établit de la maniere la plus satisfaisante, quel secours mutuel peuvent se prêter dans tous les pays, l'agriculture, la navigation, le commerce et les fabriques.

On objecte contre la Seine les dangers de sa navigation, on s'en prévaut pour établir la nécessité du canal de Dieppe. Eh! cependant, si nous en croyons Strabon, tout le commerce de la Grande-Bretagne avec Marseille, se faisoit autrefois par la Seine; c'étoit par ce fleuve, que les Normands et les Anglois portoient leurs marchandises aux foires de Champagne, avant qu'elles fussent transférées à Lyon. C'étoit par lui qu'aux temps de Philippe-Auguste, ils faisoient remonter jusqu'à Auxerre, le sel qu'ils tiroient des salines situées alors sur la rive Nord de l'embouchure de la Seine, à Leure, à Graville, à Oudales. (*Noel*, *Mémoire sur les anciennes salines entre les rivieres de Seine et d'Arques.*) Rouen étoit dès 1207 la seule ville d'où l'on put armer des bâtiments pour aller trafiquer en Irlande. Rouen a fait depuis des armements militaires; car Charles VI y fit équipper sa *navie* ou flotte contre les Anglois, et en 1690 les galeres de l'expédition de Torbay, où les François brulerent Tingmouth, vinrent hyverner à Rouen. De nos jours, des bâtiments sont remontés jusqu'à Paris, entr'autres la *Terpsicore* du Havre et le *Saumon*, lougre de la République, du port de 150 tonneaux. On assure même que l'embouchure de la Seine s'est améliorée depuis vingt ans, et néanmoins le même reproche subsiste toujours.

Le citoyen Forfait, que j'ai déjà cité, a constaté la possibilité de remonter du Havre à Paris, même dans l'état actuel de la riviere, pourvu que le tirant d'eau de chaque bâtiment n'excédât pas un mètre et deux tiers. Il a fait sentir les avantages qui doivent résulter de la forme nouvelle à donner aux bâtiments d'une construction telle, qu'ils pourroient aussi naviguer sur la mer, c'est-à-dire, de l'Ouest au Nord de la Manche. Il a observé, que si le lit de la Seine étoit tortueux, au moins son chenal étoit creusé d'une maniere fixe, que les gissements de ses bancs de sable n'éprouvoient aucuns déplacements, et qu'au moyen de quelques canaux de dérivation et de redressement, on abrégeroit d'un sixieme le trajet à parcourir. Comme nous, le citoyen Forfait les a supposés faits, et dans cette hypothèse, il a assuré que cinq jours devroient suffire pour se rendre de Rouen à Paris, et moins encore si le vent étoit favorable, parce qu'alors il pourroit se faire en trente-six heures, ou tout au plus en deux jours et demi, si, privé de l'aide du vent, on ne faisoit usage que de chevaux. Enfin, il a indiqué une foule d'avantages qui résulteront de cette navigation de la Seine, quand elle sera telle que nous la concevons, d'après les plans qu'il en a tracés.

Eh! qui de vous, amis de la Patrie, armateurs, négociants, manufacturiers, méconnoîtra que ces avantages tiennent à l'état actuel de ses eaux, qui peuvent admettre, du Havre à Paris, des *bâtiments pontés* de 200 tonneaux, propres tout ensemble à la navigation de la mer et de la riviere, et qui ne mettroient pas plus de temps à remonter de ce point à l'autre, que des *bâteaux ouverts* expédiés de Dieppe par le canal projetté? Qui de vous encore ne sentira pas l'avantage promis par le C. Forfait, d'établir des moulins à bled, à chaque chûte d'écluse des canaux de redressement, d'en tirer un nouvel aliment pour la navigation extérieure, et de partager avec Bordeaux cette mine opulente de ses denrées d'exportation? Le foible volume d'eau consacré à la dépense du canal de Dieppe, offre-t-il de pareilles ressources? Condamné à traverser un pays, fertile en bleds seulement, depuis Gournay jusqu'à la Seine, est-il comparable au fleuve superbe, qui roule majestueusement ses ondes au milieu de plusieurs grandes villes, et lie les intérêts de leur commerce et les relations de leur amitié, en se prêtant à tous leurs besoins?

Une préférence incontestable me semble appartenir au canal de la Seine, sur tous les canaux voisins qu'on voudroit lui donner en concurrence, sur celui de Dieppe en particulier. J'ai prouvé cette préférence, et je soutiens même qu'à mérite égal, il devroit encore le céder au canal de la Seine, car ce dernier a pour lui la priorité, la possession de choses; il a en sa faveur une sorte de prescription dont le titre est difficile à détruire. Invitons les hommes de l'art à s'assurer par quels moyens on pourroit rendre plus accessible et plus sûre l'embouchure de ce fleuve. Dans un mémoire que je publiai, il y a quelques années, j'établis qu'autrefois, c'est-à-dire avant que le Havre eût remplacé Harfleur, les principaux armements de la France contre l'Angleterre s'étoient faits dans le port de cette derniere ville; j'établis que des flottes nombreuses s'étoient stationnées devant Harfleur, à l'embouchure de la Seine, sur des fonds où les bâtiments de commerce n'osent aujourd'hui jetter l'ancre. Je citai la grande expédition de 1346 préparée par Philippes de Valois, celle de 1369 dont parle Froissard, celle de 1416 où le duc de Bedford détruisit les caraques et galeres qui bloquoient Harfleur, ce que répéta deux mois après, Harington amiral d'Angleterre. Je citai l'expédition de 1470 où le comte de Warwich vint avec une flotte, y embarquer les troupes que fournissoit Louis XI à Marguerite d'Anjou, et l'équippement de l'armée navale de Charles VIII en 1485.

Arthur Young n'aura pas dit en vain que la Seine lui a semblé le plus beau fleuve de la France, il faut encore qu'il soit le plus utile. Huit millions, et beaucoup moins peut-être, suffiroient pour améliorer son cours depuis Rouen jusqu'à Paris. Il n'en faudroit pas dix pour ouvrir un grand canal sur la rive Nord de son embouchure. En 1793, la dépense du canal de Dieppe étoit évaluée par les uns à trente-cinq millions, par les autres à soixante. Dans cette somme n'entroient pas les frais de construction du nouveau havre, avec sa nouvelle passe et son bassin, ceux des magasins et des ateliers nécessaires à un port de grand commerce. Je n'assurerai pas si les changements faits au projet, augmentent cette somme, j'admets volontiers que la dépense seroit encore la même, quoique des hommes de l'art la portent beaucoup plus haut. J'y joins une seconde somme de cinq millions au moins pour l'établissement du port de Dieppe, il en résulte un total de soixante-cinq millions pour la possession d'un canal, dont l'utilité est incertaine, dont les avantages, tels grands qu'on veut les supposer, seroient achetés par des sacrifices plus grands encore.

Lorsque ces soixante-cinq millions auront été employés aux travaux du nouveau bassin de Dieppe, à la confection de son canal, le Havre n'en sera pas moins là, tenant son port ouvert au commerce des Nations. Berghen, Christiania, Drontheim n'y apporteront pas moins leurs bois de construction et de mâture, leurs goudrons et leurs huiles de poisson ; Kœnigsberg, Stettin, Revel, leurs chanvres et leurs lins ; Brême, Hambourg, Lubeck, Amsterdam n'en feront pas moins l'entrepôt de toutes les denrées du Nord, dont se composent les cargaisons de leurs bâtiments. Les Etats-Unis y viendront verser comme auparavant les tabacs de la Virginie, les riz de la Caroline, les huiles de baleine de la pêche du Bresil. La Martinique, Saint-Domingue, et les autres isles françoises y enverront, comme elles l'ont fait jusqu'à présent, les cafés, les sucres, les indigos, les bois de teinture qui sont la production de leur sol, en échange des produits de notre industrie. Paris continuera d'obtenir par cette voie accoutumée, celle du canal de la Seine, une partie de son immense approvisionnement ; Louviers, Elbeuf useront constamment de la navigation de ce fleuve, pour leurs laines d'Espagne, d'Irlande, etc., etc. Les vins de Bordeaux, les savons de Marseille, les huiles d'Aix, les eaux-de-vie de la Rochelle, les cidres de Touques, les beurres d'Isigny, les sels de Noirmoutier, les suifs de Pétersbourg, les cuirs de Buénos-Aires, les soudes d'Alicante, les laines de Ségovie, les cotons de la Guadeloupe, les bois deCampêche, les gommes du Senégal, les épiceries de l'Inde et du Levant, les denrées aussi nombreuses que variées qui servent d'aliment au commerce, et à la fabrique de Rouen, ne prendront point un autre chemin.

Qu'opposera Dieppe à cette rivalité naturelle ? Ses armateurs ont-ils d'avance les capitaux, les relations propres à vaincre la défaveur de sa position pour le commerce du Nord, depuis qu'Anvers est port françois ? Essayeront-ils de débusquer ceux du Havre pour celui du Midi ? mais quand ils y réussiroient en partie, et contre toute probabilité, il leur faudroit encore transplanter sur les rives du nouveau canal les fabriques de tout genre qui fleurissent le long de la Seine, depuis Rouen jusqu'au Havre. Il faudroit que les fabricants y transportâssent leurs atteliers, et les bras qui les entretiennent; les commerçants, leurs comptoirs, leurs magasins et les correspondances qui les alimentent. » Commandez aux ossements de nos peres, de sortir de terre » et de se lever pour nous suivre, répondirent autrefois » des chefs d'Indiens, aux Anglois qui vouloient obtenir » une portion de leur territoire «. Commandez aussi à l'industrie de quitter les bords de la Seine, pour aller se fixer dans les vallées de Neufchâtel et de Bray.

Eh! loin de moi de chercher à jetter sur les canaux, une défaveur que leur utilité reconnue auroit bientôt démentie et contre laquelle s'éleveroit l'opinion de l'Europe entiere! Loin de moi de vouloir éteindre le feu patriotique de l'entousiasme qui s'empare des esprits, pour vivifier la navigation intérieure de la république et toutes les branches productives de son industrie! Entretenons plutôt ce feu sacré qui jette sur notre siecle une lumiere nouvelle, qui épure les conceptions du génie, qui le fait brûler de cette ardeur généreuse, digne tout ensemble d'en hâter les progrès et d'en recueillir les fruits!

Depuis les immenses canaux de la Chine et de l'Egypte jusqu'à celui que trouverent à Cuzco, chez un peuple nouvellement civilisé, les conquérants du Mexique; depuis les travaux de Charlemagne pour unir le Rhin au Danube jusqu'à ceux de Louis XIV qui ont opéré la jonction des deux mers, tout n'annonce-t-il pas les bienfaits qu'ont obtenu les peuples de ces utiles entreprises? Chaque nation de l'Europe a, comme à l'envi, fécondé son industrie agricole, manufacturiere et commerciale, en lui ménageant de nouveaux débouchés par des canaux de jonction entre ses rivieres. Des peuples séparés par de longues distances ont été réunis, les intervales que la nature avoit posés sont disparus ; des fleuves, des mers entre lesquels il s'élevoit des chaînes de montagnes comme une barriere insurmontable, ont fraternisé et marié ensemble leurs ondes étonnées. Le canal du Languedoc en France, celui du Holstein en Danemarck, celui de Saragosse en Espagne et une foule d'autres, ne sont-ils pas autant de monuments élevés par le génie et la bienfaisance, à la prospérité de l'agriculture et du commerce de ces contrées ?

Je ne parle pas ici des canaux de la Hollande, car dans ce pays la nature en a fait tous les frais, l'art n'a été appellé que pour régulariser ses opérations. Je ne parle pas non plus de ceux de Venise, où ils sont les seuls grands chemins que cet état ait pu s'ouvrir entre les lagunes de l'Adriatique. Mais je citerai encor les travaux faits par les Anglois dans leur isle et notamment le célebre canal de Bridgewater. J'ignore si ceux d'Oxford, de Liverpool, du Trent, ont été achevés, je sais seulement qu'en Ecosse, on s'occupoit avant la guerre, de projets de canaux qui devoient rendre extrêmement faciles les communications entre les côtes de l'Est et de l'Ouest, en épargnant le circuit si dangereux du Pentland. On se proposoit d'ouvrir un premier canal du Clyde au Firth de Murray, un second depuis fort William jusqu'à Inverness et un troisieme à travers la péninsule de Cantyre, qui feroit communiquer le Lochfine directement avec la mer Atlantique. Les Anglois sentent comme nous, tout l'avantage que peuvent offrir de semblables canaux ; ils ont rapidement perfectionné cette branche de leur industrie, comme l'annonce Fulton. Mais la nature leur a departi des localités, des lacs, des volumes d'eau qui manquent à la plupart des départements de la France, privés de vastes forêts et de montagnes couronnées de neige ; cette possession leur donne sur nous et sur tout pays de plaines seches, une supériorité incontestable.

Le systême général de navigation intérieure en France, n'en seroit ni moins parfait, ni moins utile, quand un seul des canaux projettés n'auroit pas son exécution. Si Paris doit jamais devenir l'entrepôt central du commerce de la République, Paris possede de véritables canaux, ceux de la nature, ceux que l'art, tout puissant qu'il est, ne sauroit égaler, parce qu'aux vices généraux et communs aux premiers, ces derniers joignent les imperfections, inhérentes à tout travail sorti de la main des hommes. Traversé dans sa longueur par l'un des plus beaux fleuves de la France, ayant à l'Est la Marne, au Nord l'Oise qui communiquera avec Anvers, au Midi la Loire qui par le canal de Briare lui ménage des rapports directs avec l'Océan, Paris communiquant par la Seine avec la Manche, a-t-il donc autre chose à désirer? N'a-t-on pas la possibilité de faire remonter, presque sans frais, jusques sous les Thuilleries ou dans un superbe bassin qui seroit ouvert dans les Champs-Elisées, la plupart des bâtiments qui naviguent du Havre à Rouen? la perte de temps qu'exigeroit le seul passage des 76 écluses du canal de Dieppe, (ce qui demande trente-huit heures au moins), n'est-elle pas plus préjudiciable à sa navigation, que ne le sont à la Seine les sinuosités de son cours? Le canal de Dieppe feroit-il rien pour la grandeur de Paris, son opulence et son luxe? ajouteroit-il aux plans divers d'embellissement destinés à cette ville, grande, magnifique et riche? Certes! il n'est besoin de discuter longuement cette question.

Sans doute, le projet de faire de Paris un entrepôt central de navigation et de commerce a dû se concilier des partisans qu'il conserve encore,

Paris étoit ville de commerce, il est vrai, avant que Dieppe fut port de pêche. Dès le regne de Tibere, Paris possédoit une association de nautes ou mariniers

de

de la Seine, comme il s'en voyoit sur le Rhône, la Durance et la Saone. La navigation de ces fleuves étoit alors considérable et je le crois d'autant plus, que chacun d'eux charioit de plus grands volumes d'eau qu'aujourd'hui ; la forme de leurs bassins primitifs l'annonce et la diminution des forêts voisines qui est le thermométre de celle des eaux, atteste cette vérité. Depuis que les François eurent conquis les Gaules, plus qu'aucun de ses prédécesseurs, Charlemagne accrut le commerce de Paris. D'une part, il étoit alimenté par les peuples de la grande Bretagne, de la Saxe, de la Frise, de l'autre par les Sarrasins d'Espagne, les Hongrois, les Italiens, les Juifs, les Syriens même qui se rendoient aux foires de saint Denis en France, comme il s'étoit pratiqué sous les rois de la dynastie sicambre. Paris possédoit longtemps avant Louis le jeune, une hanse ou compagnie françoise des marchands de l'eau qui ne commerçoient que sur la Seine, quoiqu'ils admissent des étrangers à leur négoce, ce qui suppose un trafic sur mer et une navigation de grand cabotage.

En effet, je vois qu'en 1315, Paris commerçoit directement avec les villes situées sur la mer, tant françoises qu'étrangeres, l'Ordonnance de Louis X en fait foi. *Les marchandises*, dit-elle, *descendent de Paris parmi liaue de Saine en avalant et passant droitement et délivrement par dessous le pont de Rouen jusqua la mer et de la mer en revenant et remontant contremont liaue de Saine par dessous le pont de Rouen jusqua Paris.* Au nombre des marchandises qui descendent, elle compte les vins de Beaune, d'Auxerre, les grains de toutes especes. Au nombre de celles qui montent, les cuirs d'Irlande et de Séville, les laines d'Angleterre et d'Ecosse, les vins de Grece et de Gascogne, le charbon de terre, le cidre, le fromage, l'huile, et presque toutes les denrées que nous tirons encore aujourd'hui de l'étranger, telles qu'étaim, plomb, vif-argent, alun, etc., etc.

Mais Paris ne comptoit alors d'autres émules de son

négoce avec les étrangers que Lyon, Marseille, Narbonne et Bordeaux. Combien de cités commerçantes auroit-il en concurrence aujourd'hui? Par-tout l'agriculture est perfectionnée, par-tout les sciences éclairent la marche des arts. Les habitants de tous les pays s'addonnent au négoce, aux manufactures, ils en élevent autant de branches que leur industrie, leur situation, la facile possession des matieres premieres le permettent; Paris doit donc renoncer au projet d'être l'entrepôt central du commerce de la République.

Paris aura tout fait, en perfectionnant sa navigation sur la Seine, sur la Marne et sur l'Oise; Paris aura tout obtenu pour la prospérité possible de son commerce, en acquérant une communication avec Anvers, en améliorant celle qu'il a avec Rouen et le Havre. Celle que Dieppe lui ménageroit, seroit à-coup-sûr inutile ou au moins superflue. Au canal de grande navigation projetté, on a proposé de substituer un de ces petits canaux indiqués par Fulton, qui n'entraînent qu'une légere dépense, en comparaison de la premiere, qui n'ont pas besoin d'un grand volume d'eau, qui admettent des écluses seches, etc. Un semblable canal faciliteroit les débouchés du pays de Bray et en présenteroit de nouveaux aux pêches de Dieppe, sans, pour cela, rien changer, rien altérer dans la marche des travaux accoutumés de ses habitants. Il seroit aussi utile à Paris qu'un canal de grande navigation, et Paris n'y perdroit aucun des embellissements qui lui sont destinés, si le bassin qu'on eût creusé dans l'enceinte de la Bastille, l'étoit un jour dans les Champs-Elysées. Au surplus, sa population, ses richesses dans tous les genres de sciences et d'arts, ses palais, ses musœums, ses bibliotheques, ses jardins, ses spectacles, ses modes qui asservissent l'Europe entiere et donnent souvent des loix à Londres même, lui assurent toujours une grande supériorité, une insigne préeminence sur les autres villes de la république. Sans doute, il lui manque des bains publics, des bassins d'eau pour ses écoles de natation, des réservoirs pour les incendies, des cascades, des fontaines, etc., mais le grand canal de Dieppe n'est point exclusivement réservé à lui procurer ces avantages. La Seine et la Marne unissant leurs ondes, en font aux besoins de Paris l'offrande libre et salutaire, le canal de Dieppe ne pourroit que les appauvrir.

Ainsi, sous la main d'un jardinier inhabile, une branche inféconde attire souvent à elle seule une partie de la séve destinée à ses voisines, et l'égare loin des canaux où la nature, laissée à elle-même, l'auroit fait utilement fructifier.

CINQUIEME QUESTION.

Le canal de Dieppe à Paris seconderoit-il assez puissamment les encouragements nécessaires à la Navigation extérieure, lorsque le Gouvernement veut augmenter le nombre de ses Marins ?

Ce n'est point assez pour la France, que d'ouvrir de nouveaux canaux, de perfectionner sa navigation intérieure, d'améliorer ses ports, d'en augmenter le nombre, il faut encore que sa marine y trouve un accroissement sensible dans celui de ses matelots.

Ce que sont aux grandes plantations, des pepinieres d'arbres forestiers, les pêches le sont à la marine militaire. Elle trouve dans les hommes de mer, employés aux pêches, les bras nécessaires à ses armements. Les écrivains de toutes les Nations qui ont traité de l'économie maritime, sont d'accord sur ce point, il n'a donc pas besoin d'être établi.

La France possede plusieurs de ces pepinieres.

Les pêches de la morue sur les bancs de Terreneuve, du hareng dans la Manche, du maquereau dans la mer d'Irlande, de la sardine sur les côtes du Morbihan, etc., sont les principales. Je ne parle pas ici de quelques armements, faits pour la pêche de la baleine sur les côtes du Brésil par des Américains de Nantucket, établis à Dunkerque avant la révolution, ni de ceux que le même port expédic pour la pêche de la morue d'Hitlande et d'Islande.

De toutes ces pêches, celle du hareng est la plus productive en hommes, parce que les équipages des bateaux (ceux de Dieppe sur-tout) sont très-nombreux. Le Gouvernement ne sauroit donc lui accorder trop d'encouragements et de faveurs pour la conserver ; il devroit la créer, si elle n'existoit pas; il ne méconnoîtra point l'avantage de posséder de tels hommes, nos voisins savent apprécier tout ce qu'ils valent.

Le projet de faire de Dieppe un port de commerce, en même-temps qu'il resteroit port de pêche, a dû et peut encore séduire de bons esprits. Celui d'y ouvrir un canal qui iroit se rendre à Paris et lieroit les communications de ces deux villes, présente, au premier coup-d'œil, des avantages spécieux, mais on ne réfléchit pas que si la pêche échappe à Dieppe, on perd en nombre de marins ce que l'on gagne en facilité de transports. Pour les besoins de la marine militaire, il y a loin des hommes habitués à conduire un bateau plat sur les ondes faciles d'un canal méditerranné, à ceux que les ouragans et les vents familiarisent avec les dangers, à ceux qui se mettent, pour ainsi dire, sous la protection des tempêtes, comme, dans un autre sens, l'a dit énergiquement le lord Pitt, en parlant de la derniere expédition des François dans la baie de Bantry.

La possession d'un nombre de canaux, la jouissance des transports par eau, sont, sans contredit, un moyen de prospérité de plus, offert à tout pays où ils sont praticables; mais la perfection si bornée des meilleures choses a ses limites, il ne faut pas nous faire illusion sur ce chapitre important de notre économie politique, comme sur tant d'autres, ni sur-tout comparer la France à la Hollande. Il ne faut pas croire que plus il y aura de canaux (et j'excepte ici ceux qu'a creusés la nature et qu'elle entretient au moyen de l'eau des fleuves), plus le commerce augmentera. Si de deux en deux myriamètres, il y avoit en France une grande route, pareille à celle de Paris à Orléans, pense-t-on que le commerce intérieur seroit aujourd'hui décuplé? personne, je crois, n'est de cet avis, parce qu'il y a un terme, celui de la consommation, où s'arrête la prospérité de tout commerce intérieur.

Tous les canaux artificiels ne pouvant être des canaux de grande navigation, ne présentent pas les mêmes avantages, quoique tous aient à-peu-près les mêmes inconvénients, je veux dire le passage des écluses, le manque d'eau en été et la durée des glaces en hyver. Ceux de Hollande où la navigation se fait avec des bâtiments pontés et à voiles, parce que l'Escaut, la Meuse, le Vaalh, le Lech et leurs différents bras présentent des surfaces considérables, l'emportent de beaucoup sur les canaux où elle ne peut s'exécuter qu'au moyen de barques ouvertes, d'un foible tonnage et traînées par des chevaux. Ces barques, je les compare à de véritables charettes, qui, au lieu de se balancer sur des roues, glissent sur les eaux avec moins d'effort. Mais, ces especes de charettes marines ou fluviatiles comme on les voudra nommer, sont aussi loin de former des matelots propres au service de mer, qu'il y a de distance entre le cours d'un grand fleuve et celui d'un foible ruisseau.

De toutes parts, on sourit à l'idée de couper la France par des canaux très rapprochés, de leur ouvrir des chemins à travers les montagnes, de combler des vallons et d'y élever des aqueducs, d'utiliser jusqu'au moindre filet d'eau et de ramifier les bras de chaque fleuve, de chaque riviere, autant que le permettront les localités et lors même que la nature y opposera de grands obstacles. Je vois appliquer et le projet et les avantages qu'on s'en promet, au canal de Dieppe à Paris et de même qu'il est ordinaire d'admirer plus volontiers les fictions qui plaisent à l'imagination que les vérités qui sont utiles à l'esprit, ainsi je vois omettre, négliger et passer sous silence tout ce que la république peut perdre à cette navigation, si Dieppe est dépouillé de sa pêche et voit diminuer le nombre de ses marins.

Dépositaire des destinées futures de l'Empire, le Directoire accueille avec empressement et zèle celles des vérités qui lui parviennent, mais plusieurs de ces vérités n'arrivent pas jusqu'à lui. Les ports de pêche, de commerce et de guerre sont trop éloignés du Luxembourg. Paris n'est point Stockholm, Copenhague, Lisbonne, ou Naples. Paris n'est point Londres, ville maritime du premier ordre, quoique le cours de la Tamise soit plus embarrassé de bancs de sable et de bas fonds que ne l'est celui de la Seine. Dans ces villes on voit la mer de près. Chaque citoyen se familiarise avec tous les détails des armements maritimes; il sent quelle importance il y a pour sa patrie, de multiplier le nombre des bras qui manœuvrent les bâtiments de pêche et de commerce; il éleve, il apprécie à leur juste valeur les ressources de toutes especes que présentent les pêches nationales considérées dans ce pays, suivant Knox, comme l'utile séminaire des hommes appellés aux navigations de long cours.

En Angleterre, dans cette isle d'Europe, moins libre

aujourd'hui qu'elle ne le fût il y a un siecle, sous le protectorat de Cromwell, qu'on me permettra d'appeller son oppression brillante, en Anglèterre, dis-je, où le système de navigation est extrêmement perfectionné, depuis le grand acte maritime, on regarde le transport par mer du charbon de terre de Newcastle et de Whitehaven et les pêches diverses qui se font dans les eaux de la Grande Bretagne ou sur d'autres fonds de la mer du Nord, comme les écoles par excellence où se forment les bons marins. Aussi, depuis le regne d'Elisabeth jusqu'à nous, les compagnies de pêche ont-elles presque toutes eu leur siege principal à Londres, quoique Londres ne soit pas un port de pêche. Mais le gouvernement anglois a senti de bonne heure la nécessité de donner, par l'exemple de cette ville, une impulsion généreuse et forte aux habitants des ports de mer; il regarde, avec raison, la pêche comme la pepiniere de ses marins, *the Nursery of seamen*, ainsi que la qualifient tous les écrivains de la Grande-Bretagne, à l'imitation de ceux de la Hollande qui l'appellent leur mine d'or.

Marchant sur les traces de l'Angleterre, le Danemarck pénétré de la nécessité d'organiser sa pêche du hareng, pour en obtenir les matelots dont il a besoin, a soumis à des réglements tout ce qui peut tendre à la faire fleurir. Il s'est bien donné de garde de décourager la pêche à Drontheim, à Heiligeland, et dans les cantons de Nordland, de Nummedal et de Salten. D'improductive qu'elle étoit en Suede, nous voyons aujourd'hui cette pêche y prospérer et rapporter plus sur une lisiere de côtes de quinze milles d'étendue, que toutes celles de France, depuis Ostende jusqu'à Fécamp; nous la voyons croître sous la protection salutaire des loix et fournir en hommes de mer au-delà de ce que peuvent attendre d'elle les armements de Carlscrona. La Hollande est encore redevable à ses pêcheurs d'une partie de sa force maritime ; car, d'un côté, la pêche y sert d'aliment à l'industrie de plusieurs ports et à leur commerce avec la Basse-Allemagne ; de l'autre, elle fournit en matelots un contingent respectable aux armements de la Meuse et du Texel. Mais c'est l'Angleterre qui a le mieux approprié aux besoins de sa marine, l'opportunité de ses pêches côtieres. Je n'hésite point d'affirmer qu'au moment où Dieppe court le danger de voir la sienne détruite, (au moins telle est mon opinion), quinze à vingt milles matelots pêcheurs, formés depuis douze années seulement sur les côtes de l'Ouest de l'Ecosse et de l'Irlande, sont employés sur ses escadres. Un germe d'émulation toute nouvelle s'est développé dans ces derniers temps ; des milliers d'Highlandois ou montagnards, ont pris parti dans les pêches ; de-là, ils ont été soumis à la presse ; de-là, ils sont devenus matelots anglois. Avant la guerre, on a vu dans le Clyde jusqu'à neuf cents barques, et dans le Lochfine jusqu'à cinq cents. *Knox's View of the brit. Emp. 252.* On a évalué que le total des barques mises en mer sur ces côtes, s'élevoit à deux milles et plus, et qu'elles avoient dû fournir à la marine militaire 10,000 matelots et 2000 novices, aujourd'hui excellents marins, de simples paysans qu'ils étoient.

L'Angleterre qui apprécie à leur juste valeur les hommes de mer que lui procurent ses pêches, applaudiroit au canal de Dieppe. Eh ! que feroit-on de mieux, si elle en avoit donné le conseil ? Ce projet ne peut-il pas ruiner une des pêches de sa rivale, et tout ensemble porter un préjudice considérable au commerce du Havre, aux manufactures de Rouen, d'Yvetot, de Bolbec et des campagnes environnantes ? Ne peut-il pas frapper plusieurs coups à la fois, puisque Dieppe répond à Yarmouth, le Havre à Liverpool, Rouen à Birmingham et à Manchester, et pour pousser plus loin la comparaison, puisqu'Elbeuf, Andely, Louviers

répondent

répondent à Leeds, à Norfolk, à Norwich, à Yorck et à plusieurs autres villes de fabrique. Eh ! sans doute, dans sa sagesse, le Directoire pésera ces différentes considérations ; il verra que Dieppe ne demande, pour entretenir ses matelots, qu'un havre commode et sûr pour ses bateaux, qu'une circulation facile pour les produits de leurs pêches, qu'une exemption de droits sur leur consommation dans l'intérieur, qu'une légere prime enfin pour leur exportation à l'étranger. Il verra que la conservation de tant de bras utiles, et s'il se peut, l'accroissement de leur nombre, ne tiennent point à l'ouverture d'un canal de grande navigation ; il sentira qu'à la paix, de médiocres encouragements répandus sur la pêche, comme une pluie douce et fécondante sur des champs altérés, seront plus fructueusement employés que les soixante, les quatre-vingt millions à sacrifier pour le canal de Dieppe, car des hommes de l'art en élevent la dépense totale à cette derniere somme. Ah! puisse l'exemple de Cherbourg être une leçon pour l'avenir !

La nation françoise n'oubliera pas qu'elle a pour voisine et rivale une puissance dont la marine est forte de cent cinquante vaisseaux de ligne. La victoire, tant de fois fidele à nos drapeaux sur le Rhin, sur l'Adige, sur le Nil, dans ces contrées arrachées à l'esclavage, où la République vient de reporter le bienfait des sciences et des arts que l'Europe en reçut autrefois, n'a pas toujours accompagné le pavillon tricolor. Une génération d'hommes passera, peut-être, avant qu'une armée navale, sortie d'Anvers ou de Brest, vogue vers les isles britanniques et y stipule pour l'Europe entiere, l'affranchissement des mers. Mais en vain, Toulon, Rochefort, Brest, Anvers, l'Orient verroient leurs bassins couverts de vaisseaux françois ; en vain des chefs habiles seroient choisis pour diriger nos escadres, si de nombreux matelots n'étoient prêts, au premier appel de la Patrie, à combattre et vaincre pour elle.

La conscription militaire, cette institution républicaine, imitée de Sparte, ne sauroit s'appliquer aux besoins du service de mer, ni, rappellant en quelque sorte le prodige de Cadmus, créer des matelots, comme elle fait des soldats. Les bras qu'exige la marine militaire ne peuvent être, je le dis encore, que ceux des hommes voués, dès la premiere jeunesse, aux rudes travaux dont les pêches sont la principale école. On sait que du Guay-Trouin, dans ses expéditions hardies, composoit ses équipages de matelots Bretons et Normands, de pêcheurs Malouins et Dieppois. Il employoit les premiers, comme plus agiles, pour les hautes manœuvres, les seconds pour le service du pont, comme plus forts et plus vigoureux, et rarement la Victoire trahit l'espoir qu'il mettoit dans leur courage. La conscription produira de nouveaux guerriers, émules des Hoche, des Moreau, des Joubert. A l'exemple de leurs modeles, ils trouveront, dans la force de leur génie, les moyens qui suppléent aux théories modernes et forment, en trois campagnes, un général consommé. Mais l'art des manœuvres nautiques, l'habitude de les pratiquer, celle d'affronter les dangers qui les accompagnent, sont le fruit d'un long apprentissage. Ah! puisse cette vérité être si souvent répétée qu'elle devienne inséparable de tout plan d'amélioration, dont la marine sera l'objet!

Que la Nation se souvienne aussi que la pêche de la morue de Terre-Neuve passera incessamment entre les mains des Américains-Unis, parce qu'elle doit appartenir aux peuples pêcheurs qui sont les plus voisins du grand banc. Dès 1774, au rapport de Swan, 20,000 hommes y étoient employés par le seul Etat de Massachusset. Cette perte sera l'une des plus sensibles que puisse éprouver la marine françoise; les Anglois le prévoyoient bien, quand ils détruisirent nos établissements de Terre-Neuve en 1763. La pêche de la baleine est nulle en France, et de long-temps elle ne pourra sortir de cet état négatif ; car nous y avons pour concurrents ces mêmes Américains, plus sobres, plus endurcis au froid, aussi hardis marins, mais plus habiles pêcheurs que nous. Il ne nous reste en grandes pêches que celles de la sardine et du maquereau sur les côtes de l'Ouest ; celles de l'anchois et du thon sur celles du Midi, trop foibles pour servir de supplément utile à ce que les autres laissent à désirer. Eh pourtant ! la France n'est pas réservée à n'avoir dans trente ans qu'une *marine sans marins*, comme Dieppe le seroit aujourd'hui à n'avoir qu'*un canal sans port*, et dans soixante ans peut-être qu'*un canal sans eau.*

Non, d'autres Destinées attendent la France. Que l'Angleterre soit travaillée de la soif de l'or et de tous les genres d'avarice, la République n'en aura qu'une, c'est la soif de toutes les gloires. — Sous des Rois, indifférente au sort de sa marine, la France a laissé l'Angleterre se saisir du sceptre de Neptune ; il s'agit de le conquérir ; et ce n'est pas le moindre triomphe que lui gardent ses destinées. Oui, le Directoire multipliera par tous les moyens, et le nombre des bâtiments de guerre, et celui des hommes de mer. Il verra que chaque Nation a un grand port de pêche. Il s'attachera à la restauration des nôtres ; il méditera les réflexions, les vues patriotiques qui lui seront soumises ; il fera marcher l'exécution de ses plans utiles au flambeau de l'expérience des étrangers, presque toujours nos maîtres dans ce genre d'industrie, comme nous le sommes des autres peuples, sous tant de rapports, dans le domaine des sciences, des lettres et des arts.

Ce n'est pas ici le lieu d'indiquer les améliorations

dont est susceptible la pêche de Dieppe en particulier. Je traite cette partie, sous différents points de vue, dans l'ouvrage dont je m'occupe sur *les Pêches maritimes du Nord*. Je me contenterai d'observer ici, que si jamais la République veut s'affranchir du tribut qu'elle paie à la Suede pour l'huile de hareng seulement, elle ne peut espérer d'y réussir, qu'en conservant Dieppe grand port de pêche.

Sans matelots, je le répete, point de marine, et les pêches sont leur école; sans marine, point de commerce, point de force effective, point de prospérité nationale. Si l'agriculture est le premier fondement de tout état policé, le commerce est le principe de sa véritable richesse. Vainement un pays seroit coupé par de nombreux canaux, si ses relations avec l'étranger n'alimentoient leur navigation, s'il n'avoit lui-même une marine, qui, sans cesse versât, des extrémités au centre, les productions et les denrées qui circulent ensuite du centre aux extrémités, et que j'appellerai ici le sang du corps politique, puisqu'elles en entretiennent la chaleur et la vie.

Je le dirai en passant, parce que cette matiere n'est point de mon sujet. Ceux qui désirent voir Dieppe, port de commerce, à la faveur de son canal, sont forcés de convenir que le Nord seul est destiné à entretenir ses importations, et qu'il faudroit commencer par déclarer Dieppe port franc, comme l'étoient Marseille, l'Orient, etc. Mais le commerce du Nord n'est point celui qui procure des marins à la France. On sait, par les états de péage du Sund, qu'avant la révolution, nous ne prénions presqu'aucune part à la navigation de la Baltique. Le traité signé avec le Danemarck en 1742, celui de 1783, et la convention de 1784 avec la Suéde, le traité de 1787 avec la Russie, ont été sans fruit pour notre navigation. Elle n'est pas moins nulle, dans nos relations avec la Prusse, avec les villes hanséatiques avec la République Batave ; car, toutes ces puissances naviguent sous leur pavillon. Le commerce avec elles (que sa balance nous soit avantageuse ou non) ne sauroit donc nous procurer des marins. A la vérité, le Gouvernement auroit la ressource de déclarer Dieppe port franc, si les loix de l'égalité pouvoient le permettre ; alors Dieppe supplanteroit peut-être le Havre et s'éléveroit sur les ruines des ports voisins. Peut-être aussi n'en recueilleroit-il d'autre fruit que l'odieux, inséparable de tout privilége. Dieppe accompliroit ma prédiction ; il seroit dépouillé de sa pêche ; il ne posséderoit qu'un commerce usurpé ; il favoriseroit le monopole, il provoqueroit la contrebande et la fraude ; il justifieroit le proverbe qu'auprès de ces établissements à priviléges, il faut toujours bâtir des hôpitaux, parce qu'ils supposent et font en effet des milliers de malheureux.

RÉSUMÉ.

Je terminerai ce Mémoire par un rapprochement court et rapide des cinq questions que j'ai discutées.

1°. Le canal de Dieppe à Paris, s'il est exécuté pour une grande navigation, n'ouvrira point aux poissons de nos pêches de débouchés ni de moyens de concurrence avec ceux de pêche hollandoise.

2°. La pêche de Dieppe devra céder la place à l'influence victorieuse du commerce. L'expérience du passé est en faveur de cette opinion.

3°. L'agriculture des cantons de Neufchâtel et de Bray, n'attend point, pour y prospérer, l'encouragement que lui offriroit l'ouverture du canal.

4°. Jamais le canal de Dieppe ne soutiendra avec succès la concurrence de ceux de l'Escaut et de la Seine.

5°. Il anéantira la pêche de Dieppe et privera la marine militaire de la République, d'un grand nombre de matelots.

Dans un moment, où la Nation toute entiere se complait dans l'idée si séduisante d'obtenir une grande amélioration dans son commerce, au moyen de la navigation intérieure, j'ai cru utile de fixer les objections qu'on peut diriger contre lui, car ce qui flatte n'est pas toujours ce qui est bon et utile. Dans ce Mémoire, trop rapidement composé, pour l'être avec assez de soin et de force, où les redites, les reminiscences, les incorrections de style tiennent à l'effusion de mon cœur, j'ai jeté sans prétention, comme sans intérêt, puisque je ne suis ni pêcheur, ni armateur, celles des réflexions qui se sont présentées à moi les premieres. Je n'ai point cherché à les revêtir de la pompe ambitieuse des ornements de l'art élégant d'écrire, ni des prestiges d'une éloquence étudiée. J'y ai porté la franchise patriotique du langage des hommes de mer, au milieu desquels je suis né, et dont je m'honorerois de partager les travaux.

Raynal et Voltaire ont envisagé les pêches en philosophes, en politiques ; ils n'ont pas dédaigné d'en faire le plus grand éloge. Comme eux, ami de la prospérité de mon pays, celle des pêches m'est précieuse ; comme eux, j'attache le plus grand prix à leur conservation, l'importance la plus chere à leur accroissement futur. La guerre, l'affreuse guerre a eu son Louvois ; l'agriculture son Sully et son Turgot ; les manufactures leur Colbert et leur Trudaine. Les pêches, que j'appellerai ici l'*Agriculture de la mer*, puisque la nature y seme ce que récolte l'homme, attendent, invoquent en leur faveur, un de ces génies tutélaires, que, de temps à autre, le ciel propice accorde aux Nations! Puisse le vœu que je forme contre le canal de Dieppe, être partagé par tous ceux qui ne prennent pas l'ombre pour la réalité! par tous ceux qui s'occupent bien plus des mesures propres à assurer la prospérité publique, que des frivoles moyens d'y faire croire! Nous ne fournirons pas, j'espere, un second tome à cette partie de l'histoire des Arts, sous Louis XIV, où, tout étant vénal, jusqu'à la louange, on ne cherchoit que des hommes qui prônâssent de prétendus succès, sans trop s'embarrasser si les succès seroient obtenus. Ce que fit la France esclave, ne sera point imité par la France libre.

Je le répete, l'opinion que je manifeste ici, est toute entiere dans mon cœur. Je ne fais aucune acception particuliere de ce que peuvent perdre Rouen et le Havre, à l'ouverture du canal, sinon sous les rapports d'intérêt public. Je ne suis guidé par aucun motif de prédilection pour Anvers; et quoique Dieppe soit ma ville natale, je ne lui porte dans cette occasion aucun sentiment privé d'affection et d'intérêt. Enveloppé dans ma pensée, j'écoute la voix secrete de ma conviction personnelle. Suivant moi, la République feroit de grands sacrifices, comme à Cherbourg; en balance, elle n'obtiendroit que de foibles indemnités, que de stériles résultats. Sans doute, il seroit possible que je me trompâsse et que l'événement démentit mes craintes. Dans tous les cas, je verrai toujours avec plaisir mes idées rectifiées et mon opinion combattue par des arguments si péremptoires, que je dûsse leur rendre les armes. En attendant, si la droiture des intentions et la pureté des vœux suffisent pour les justifier, ceux que je forme pour la prospérité de ma patrie, s'expliquent d'eux-mêmes et n'ont besoin d'aucune interprétation.

BIBLIOTHEQUE NATIONALE DE FRANCE
3 7502 01663886 0

www.ingramcontent.com/pod-product-compliance
Ingram Content Group UK Ltd.
Pitfield, Milton Keynes, MK11 3LW, UK
UKHW020212200726
13856UKWH00004B/1351